Photoshop & Painter IX
数码时装画

刘耀先

著

丁学华

东华大学出版社·上海

内容简介

本书主要内容有三个部分：1. 时装画的基础知识和表现技法；2. Photoshop 绘制时装画的技法；3. Painter IX 绘制时装画的技法。Photoshop 软件绘画时装画主要介绍了时装画输入的调整、结构图、款式图的绘制，效果图的绘制。本书使用两个软件绘制时装画的主要特点是充分利用各种画笔的表现功能来体现服装面料的特征，使用画笔的仿真效果来模拟真实手绘的表现效果。书中的时装画都具有非常逼真的手绘艺术效果。学习者在掌握两个软件绘制技法的前提下，可以做到以电脑软件绘制来替代纸张颜料手绘的表现，并且具有手绘时装画的艺术效果。这是本书在艺术表现风格上区别于许多电脑软件绘制的时装画书籍的一个主要方面。

本书适合各类院校服装专业师生教学使用，也适合对时装画有兴趣的爱好者学习参考。Photoshop 和 Painter IX 两个软件的功能是非常强大的，工具的使用也是非常灵活多样的，尤其是各种工具和画笔的组合使用是非常值得大家去探索的，各种画笔效果也是要通过使用者多次尝试使用以达到熟练使用，可以通过自己的实践探索发挥软件更强大的效能。

图书在版编目（ＣＩＰ）数据

Photoshop & Painter IX 数码时装画 / 刘耀先, 丁学华著. —上海 : 东华大学出版社, 2018.9
ISBN 978-7-5669-1431-6

Ⅰ. ①P… Ⅱ. ①刘… ②丁… Ⅲ. ①服装设计 — 计算机辅助设计 — 应用软件 Ⅳ. ①TS941.26

中国版本图书馆 CIP 数据核字（2018）第 145686 号

Photoshop & Painter IX 数码时装画
Photoshop & Painter IX SHUMA SHIZHUANGHUA

著：刘耀先　丁学华
出　　版：东华大学出版社（上海市延安西路 1882 号，200051）
网　　址：http://dhupress.dhu.edu.cn
天猫旗舰店：http://dhdx.tmall.com
营销中心：021-62193056　62373056　62379558
印　　刷：深圳市彩之欣印刷有限公司
开　　本：889 mm × 1194 mm　1/16　印张：7.25
字　　数：255 千字
版　　次：2018 年 9 月第 1 版
印　　次：2018 年 9 月第 1 次印刷
书　　号：ISBN 978-7-5669-1431-6
定　　价：39.50 元

目　录　CONTENTS

目 录 CONTENTS

第一章 时装画概述

一、时装画的功用

服装随着人类历史和生产力的发展而不断地发展变化,在款式和风格上日新月异。在现代生活中服装的功用已不再是原来单纯的实用功能,人们使用服装的目的更多地倾向于服装的美化功能和体现自我形象和个人身份品味等方面。正是由于物质技术的充分可能和消费需求的刺激的双重作用,现代服装得以蓬勃发展。服装产业是世界各国(尤其是生活水平较高地区)和人们日常生活密切相关的产业,各类服装企业大量出现,从业人员迅速增加,服装专业教育也随之而发展。在服装专业教育中服装设计是一个核心的板块,而时装画则是服装设计过程中用来传达设计意图、展示设计构思、甚至产品企划、服装商品广告宣传、服装艺术风格表现等多方面的表现和传达的有效手段,是直接体现设计师服装创意内容的最简便的途径。时装画和款式设计是一个服装设计师的"两条腿",在服装设计中都有举足轻重的地位和作用。

在实际运用中最简单的时装画,可以理解为单纯表现服装本身的款式图,在分工不够细化的生产过程中,款式图是一种直接快捷的表现手段。而在发展程度较高的地区,生产的分工细化,工序间的衔接和交流要求准确通畅,所以完整的时装画是表达设计意图和内容的必要方式。

二、时装画的风格种类

文化艺术在人类历史的变迁过程中一直不断发展变化,时装画也受各时期的艺术风格的影响而表现出一定的艺术风格,尤其在早期一些艺术流派代表人物参与了服装杂志制作和设计,使时装画与当时流行的艺术风格紧密联系,如我国的著名画家叶浅予就曾绘制了一些时装画(图1-1)。

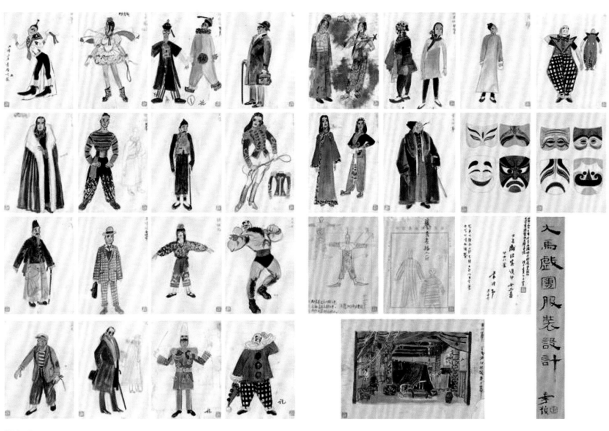

图1-1

图1-2

图1-3

图1-4

在艺术史上有名的野兽主义、立体主义、表现主义、超现实主义、波谱艺术等多种艺术风格都在时装画上有明显体现（图1-2）。可以说不同时期的时装画都带有明显的时代风格。近些年卡通艺术的流行和发展，加上年轻人的广泛接受，所以在相当一部分时装画中都有卡通风格的特征（图1-3）。

从不同的功用角度来分类，时装画可以分为服装设计效果图、商业时装画、时装艺术效果图和插画等几类。

服装设计效果图主要是服装设计师用来记录设计灵感、设计片段、服装款式、初步的款式效果等草稿的一般效果图。这类时装画表现较随意，表现方式自由简单，用于设计初级阶段的案头工作和设计的初步确定（图1-4）。

商业时装画是设计完成的产品或商品，商业时装画表现完整、比例特征准确、款式细节清晰并配以服装材料附件说明，时装设计公司和商业流行趋势发布时会经常用到（图1-5）。

时装艺术效果图和时装插画是以表现时装的艺术效果、品牌的风格特征为主的艺术作品，表现上偏重艺术效果，注重艺术表现形式，有强烈的个性风格，具有较高的艺术欣赏性，有时是对品牌和设计的更深层的诠释（图1-6）。

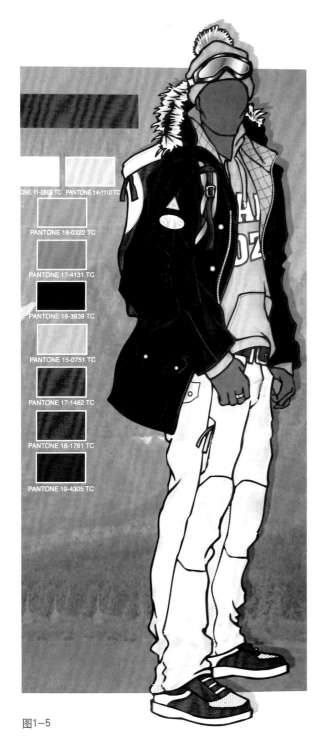

PANTONE 11-0603 TC　PANTONE 14-1110 TC

PANTONE 18-0322 TC

PANTONE 17-4131 TC

PANTONE 19-3939 TC

PANTONE 15-0751 TC

PANTONE 17-1462 TC

PANTONE 18-1751 TC

PANTONE 19-4305 TC

图1-5

图1-6

三、现代时装画的表现风格特点

　　时装画在表现风格上通常可以分为写实风格和装饰写意风格。

　　写实风格的时装画在人体比例结构、服装的款式表现等方面都力求准确真实，这类时装画也是时装画学习初级阶段必要的练习训练内容。有些一开始就采用变形夸张形式绘制时装画的设计师，因开始时缺少了对人物比例和人体结构等基础技能的训练，以至后来的时装画水平进步缓慢而显得"底气不足"。所以在写实风格的时装画中，人体比例结构、速写技能都是画好时装画的基本保障。

　　装饰写意风格的时装画是在掌握时装画基本知识技能的基础上，对人体比例、动态、结构、表现方法等方面进行富有美感的夸张变形等处理方法。这类时装画具有的特征往往也是个人风格的标志。

　　不同时期的艺术风格也各有特色，时装画也不例外。在年轻一代中，卡通风格广受欢迎，所以在时装画中也有明显的卡通特征。另外年轻一代崇尚个性开放之风，也导致时装画风格多样化，表现形式也各有特色。

第二章　时装画表现基础

一、时装画人物的比例结构

时装画中主要的两个构成主体是人和服装。时装画中的人体比例与一般的绘画人体比例有明显区别，带有时装模特的人体比例特征，通常身高为8.5个头长以上，这也是时装画区别于其他绘画的明显特征（图2-1、图2-2）。时装画人体相对于普通人体比例主要夸张的部分为腿部，也就是腿比较长，而臀围以上部分和普通人体比例是基本一致的。还有时装画人体横向的比例也体现出比较苗条骨感的特征，那种健壮肉感的人体是不太适合用来表现时装画的，往往许多人在绘制时装画时注意了人体纵向的身高比例，而对横向的比例注重不够，以至画出来的人体过于强健而丧失了时装画人体的美感。

时装画中的人物形象是非常重要的。在时装画中人物的头部是反映一个人形象的主要部分，准确的时装画人物比例、模特的脸型、时尚的化妆、甚至人物的神情等多方面因素构成了时尚气质的人物形象，如此才能将服装和人完美结合，相得益彰。

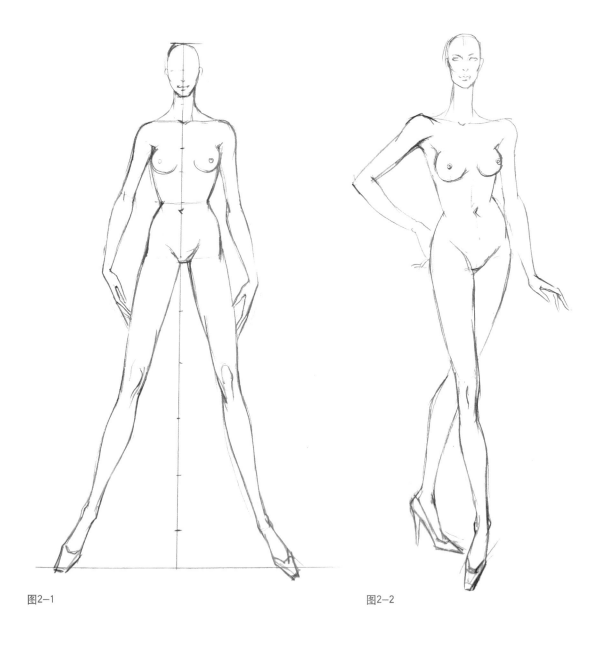

图2-1   图2-2

二、时装画人物的动态

时装画中许多动态是从时装表演的舞台动作借鉴而来，尤其是舞台上驻足展示时的动作。所以可以多观赏一些时装表演的动态和静态的姿势，从中体会模特的身体的动态美感。在时装画中常用正面、3/4侧面、侧面、背面等几种视角的姿态，但在具体的时装画表现时可以根据需要采用任意角度的动态姿势，只要注意最终效果符合审美标准、自然舒适就可以了。

时装画中的人物动态是主要由身体的躯干部分和腿部的运动方向构成，也就是所谓的动态线（图2-3）。模特的动态趋势应该在落笔之前就观察清楚，并在画时装画时抓住主要的动态特征和趋势，这样才能准确表现模特动态。

图2-3

三、时装画的表现特征

时装画绘制的人物首先在人体比例和人物形象上区别于其他的绘画，这是由时装画的表现内容和功用决定的。在时装画的绘制工具和表现形式上也有多种常见的种类，常用的工具有铅笔、钢笔、水笔、毛笔、马克笔、水粉、水彩、彩铅、油画棒等（图2-4~图2-6），及各种质地的纸张。时装画表现形式也多种多样，所以大家可以接触到各式各样的时装画，

图2-4

但要从时装画的根本用途以及在设计过程中的地位来确定绘制方法。时装画的绘制应该具有绘制过程快捷而有效果、表现简洁而舒畅的特点，鉴于这些特点，淡彩类型是最适合来表现时装画的。过于繁琐的绘制技法和过深的细节刻画作为技法练习和技能训练是可以的，但实用型的时装画的时效性和数量是非常重要的，它必须适应服装生产的周期性。比较常用的绘制方法有铅笔淡彩、钢笔（水笔，签字笔等）淡彩、毛笔淡彩等。马克笔上色也是一种比较快捷的方式，只是马克笔是油性的，不容易修改，所以要求有比较熟练的绘画基本功和熟悉马克笔上色的特性。至于以艺术性为主要特性的时装画，不论是绘制的工具材料还是表现风格和技法都可以说是层出不穷，毫无限制。例如绘制用于品牌广告、插画等用途的时装画，手法、风格可以多样。

图2—5

图2—6

第三章　手绘时装画的表现

一、服装与人体

　　时装画的主要表现对象就是服装和人，处理好两者在表现过程中的关系是画好时装画的一个重要方面。对于一个选定的时装画的人体和姿态，它是基本不变的，而服装的款式外观是千变万化的，不同款式外观的服装穿在同一个人身上所呈现的外观状态是不一样的，这就是不同款式外观的服装和人体之间的关系。总的来说在时装画表现中最应注意的有以下四个方面。第一，不同合体程度的服装和人体的关系；第二，由于重力原因服装和人体的离合状况；第三，服装厚度的表现；第四，衣纹和人体（图3-1、图3-2）。

　　服装从外形上产生宽松或紧身不一的着装服装，宽松的服装使内在的人体特征比较隐蔽，人体曲线不明显，许多衣服部位和人体不附合。紧身的服装和人体贴合较紧，比较明显地反映出人体体形和曲线，一些过紧或有弹性的面料会在人体表面产生一些横向的衣纹。

　　人体穿着服装我们可以把人体当作衣架来理解，由于重力的原因服装都是往下坠的，尤其是

图3-1　　　　　　　　　　　　　　　　　图3-2

图3-3

二、面料肌理的表现

服装面料的肌理是由色彩、表面纹理、材料的厚薄柔韧程度几个方面决定。表面的纹理反映了面料的粗糙光洁度和编织的纱线纹路，在绘制时装画时要采用适当的上色技法来达到面料的质感，如彩色铅笔容易表现出粗纺面料的质感，水彩适合表现薄而透明的面料，油画棒适合画毛线纹理等。材料的厚薄柔韧还体现在时装画线条的表现上，首先服装的外轮廓线能反映面料的一些特性，比如粗松的线条表示厚而松软的面料，纤细流畅的线条表示薄而富有垂感的面料，圆顺有张力的线条表示有弹性的厚实面料等。另外在上色表现光感和明暗时也非常容易体现出面料的质感，尤其是表面质感强烈的面料，如丝绸、皮革、金属涂层等（图3-4、图3-5），在上色时应仔细观察面料的表面反光特性和规律，并在绘制时加以运用。

肩部、挺起的胸部、屈起的手臂、抬起的腿部、胯部等部位都明显地支撑着服装，这些部位和服装紧密结合，人体的结构比较明显。其他服装部位则较松散随意一些。

不论哪种面料的服装都有厚度，尤其在领部、袖口、下摆、腰口等部位都应比较清晰地表现出来。没有厚度的服装是不真实的。

衣纹的产生有三个主要原因：① 重力下坠原因产生纵向的衣纹，在许多宽松类的服装中比较明显，如裙子。② 人体起伏会产生衣纹，如胸部、腰部等。③ 人体运动的牵拉，如抬手抬腿等（图3-3）。了解了产生衣纹的主要原因，结合所表现的服装和人体姿态，略加分析就知道衣纹的表现方法和部位了，也可以多观察一些时装照片，分析一下衣纹的分布特征和规律，以作到在绘制时装画时心中有数。

图3-4

三、上色技巧

图3-5

在介绍时装画时我们就提到，时装画比较快捷的表现方式是淡彩形式。在上色时应掌握一个原则：色彩是用来表示服装面料颜色的，示意一下就可以；如果要表现面料的特殊质感，在上色时就要按面料的质感特征来表现，以表示出质感为好。为了体现一定的立体感，上色时要在人体主要结构和大转折面等部位稍加变化区别，以体现结构和体面效果。没必要花太多时间和精力用来上色刻画，时间应用在前期的设计过程中或解决时装画的基本技能方面，在一个不理想的人体和服装上过多的后期粉饰是没有多大效果的。

在上色材料的运用上比较简便有效的方式是不同性质的颜色结合使用。如水粉色和彩色铅笔结合使用就很容易表现出粗质面料，许多经验可以在实践和尝试中逐步建立。

四、手绘时装画作品赏析

图3-6~图3-18。

图3-6

简洁概括的线条结合简单的上色表现，整体反映出明快、简炼的风格。上色时结合人体结构动态适当留白，表现
出层次感和立体感。

图3—7

上色大胆肯定，对比色带来强烈的视觉效果，人体动态和人物形象体现了明显的个人风格。

图3-8

用针管笔勾线来体现面料的材质
纹理，人物比例夸张，上色用水粉
淡彩结合彩色铅笔。

用铅笔勾线,结合水粉淡彩,整体
透明简洁,人体结构表现概括,动
态明显。

图3—9

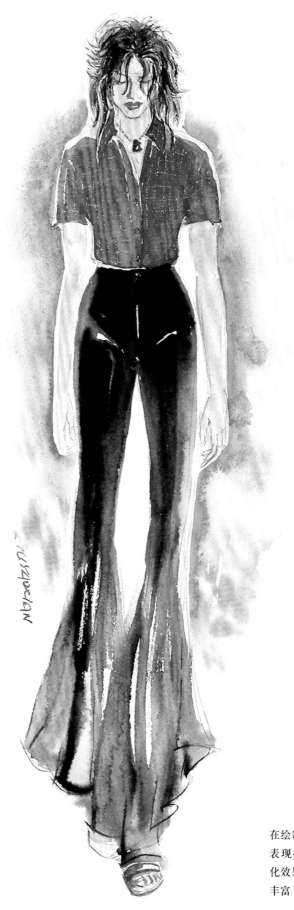

图3-10

在绘制过程中使用了类似国画的表现技法，水彩纸体现出颜色渗化效果。裤子侧面用背景色点缀，丰富了颜色趣味。

图3—11

图3—12

将手绘漫画的风格用到时装画绘制中,人物变得富有趣味,轻松诙谐。

图3—13

用色大胆，背景先刷水再上色，表现出颜色的渗化趣味，肤色以阴影部分来体现明暗变化。干笔触表现头发的染色效果。

图3-14

头发、衣服清晰的层次表现出很好的立体效果,珠光笔结合水粉,体现出丝袜的质感纹理。

图3—15

省略的线条快速地勾勒出人物动态,大笔触铺色,画出部分面料图案、人物的五官,画面呈现出点线面结合的变化效果。

图3—16

概括简炼的线条和快速肯定的表
现,体现了作者较好的专业基础
素养,具有较强的写意风格。

图3-17

圆珠笔勾线,干笔触刷色,表现毛
毡材质,肤色大多省略更突出服
装特征,人物造型骨感简洁。

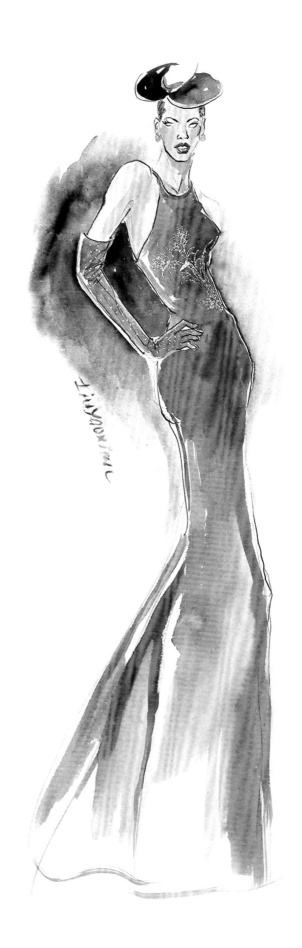

图3—18

水彩纸在上色前刷水、再上色可以产生渗化的效果，上色简洁；适当的深浅变化及线面变化体现出人体结构和块面。

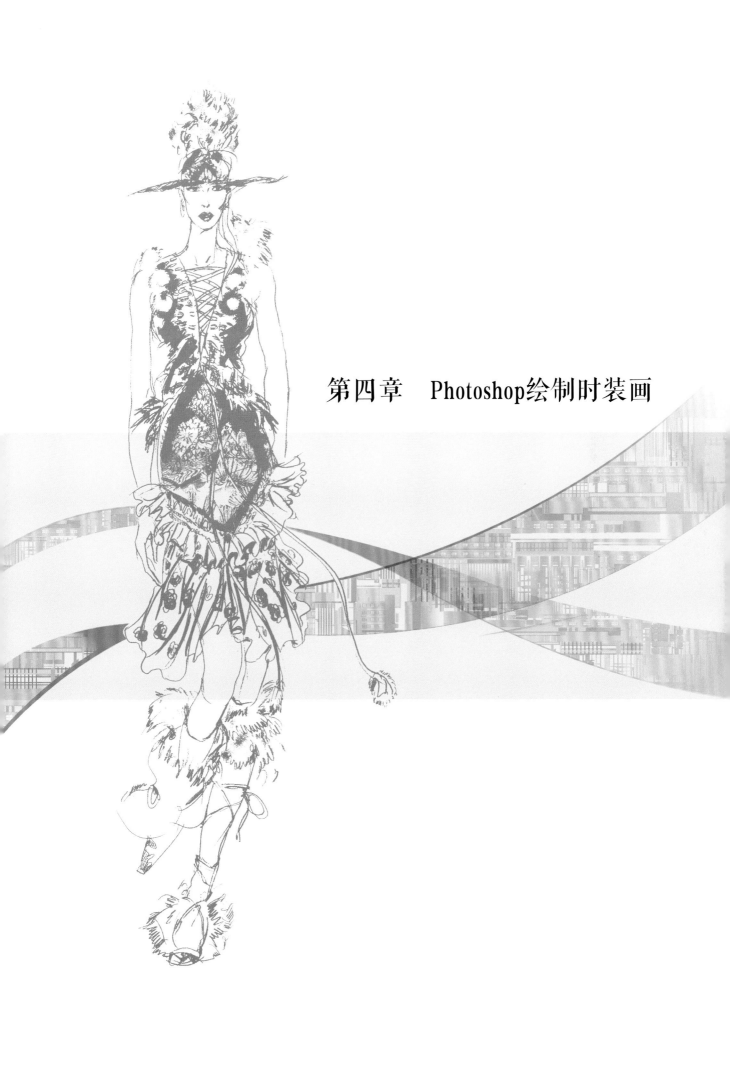

第四章　Photoshop绘制时装画

一、Photoshop软件简介

由Adobe公司开发的Photoshop是非常著名的数字图像处理软件，主要在数字化图像的调整、处理、合成方面有很专业的功能，同时也有很强的绘画功能，提供了数以百计的画笔效果。Photoshop在广告、印刷出版、各类艺术设计，甚至艺术创作等众多领域应用广泛。Adobe公司非常注重软件的开发更新，Photoshop的不断更新使软件的性能越来越完善，功能越来越丰富，所以Photoshop是一款使用普及程度很高的数字图像处理软件。在进行Photoshop软件操作之前先要了解几个数字图像相关的概念。

1. Photoshop软件界面和窗口

Photoshop软件打开后可以看到菜单栏、工具箱、选项栏、各类小窗口面板、状态栏等。右侧的窗口种类较多，可以根据需要在"窗口"菜单下的选项中选择打开或关闭，也可以将打开的多个窗口进行拼合，即将一个窗口直接拖入其他窗口（图4-1）。

2. 图像尺寸和分辨率

Photoshop编辑制作的图像文件是位图（又称点阵图或光栅图）。是由许多像小方块一样的像素组成的图形。简单地说位图就是以无数的色彩点组成的图案，当你无限放大时你会看到一块一块的像素色块。在位图中是以单位长度内包含的像素点的数量来表示分辨率的，常用的表示单位是dpi，即每英寸内包含的点数。包含像素点越多分辨率就越高，但相应文件的数据量也更多。所以在新建文件或开始制作图像文件前就要合理设置图像的尺寸和分辨率，一般来说300dpi的分

图4-1

辨率就很好了，艺术画册和高精度输出基本够用（4-2）。

3. 色彩模式

Photoshop里常用的色彩模式有RGB和CMYK两种，RGB是用红、绿、蓝三原色的光学强度来表示颜色的一种编码方法，可以直接用于屏幕显示。CMYK是用青、品红、黄、黑四种颜料含量来表示颜色的一种编码方法，可以直接用于彩色印刷。使用者可根据后期用途来选择（图4-3）。

4. 文件存储格式

在任何软件中制作的文件在保存时都有相应的文件格式可选择，对于数字化图像来说不同的文件格式关系到文件在其他软件中的可读取性、通用性以及文件所占存储空间的大小。在Photoshop的操作中我们常用的是JPEG格式、Photoshop PSD格式、TIFF格式。

JPEG格式是一种应用广泛的图像格式，是一种有损压缩格式，能够将图像保存时压缩在很小的储存空间，通过调节保存时的图像品质选项可以达到约几分之一到几十分之一之间的压缩比率（如在软件里打开或新建的文件大小为40MB，保存为JPEG格式后的文件大小只有1~8MB）。越简单的图像信息，保存后压缩比越大，具体的图像大小要视图像内容而定。但压缩比的增大和图像质量是成反比的，所以要保证较好的图像质量一般不宜采用过大的压缩比。正是JPEG格式具有压缩的这一特性使得它在需要节省存储空间的情况下特别适用，在互联网上大多数图像都采用JPEG格式。目前JPEG格式不支持多图层，所以不适合用来保存未完成的多图层文件（图4-4）。

Photoshop PSD格式是Photoshop的专用格式。这种格式可以保存Photoshop文件中所有的图层、通道、参考线、注解和颜色模式等多种

图4-2

图4-3

图4-4

信息，因此比用其他格式保存的图像文件还是要大很多。由于PSD文件保留所有原图像数据信息，因而再次打开修改起来比较方便，所以未完成的图像文件在保存时首选Photoshop PSD格式。

TIFF格式具有使用无损格式存储图像的能力，使其成为图像存档的有效方法。现在的TIFF格式同样支持Photoshop的图层功能。TIFF格式

图4-5

图4-6

图4-7

在保存时有无压缩和压缩（LZW、ZIP、JPEG）选项，但其压缩比远达不到JPEG格式的地步，所以完成的图像文件在需要保证高质量的图像输出效果时，选用TIFF格式是非常合适的。

5. 图层

在Photoshop里可以对图像进行分图层处理和调整，这样的好处就是不影响其他图层，可以随时修改甚至删除，好像在一张画上蒙了透明的纸，可以随意绘画而不会影响下面的画，图层可以通过图层面板下方的"创建新图层"按钮增加（图4-5），也可以通过图层右键菜单或下面的垃圾桶删除（图4-6）。双击图层文字处可以自己重新命名图层名称（图4-7），最终完成制作后可以将所有图层合并，或合并链接图层（图4-8）。图层的顺序也可以通过点按图层上下拖动到需要的位置。

6. 历史记录

在菜单栏的"窗口"→"历史记录"可以打开历史记录面板，通常可以记录20个操作步骤，并且可以向上回复返工，也可以用"Ctrl"加"Z"来回复一步，用"Ctrl"加"Alt"加"Z"来逐步回复到20步以内的操作，这样修改起来非常方便（图4-9）。

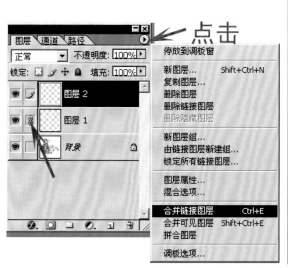

图4-8   图4-9

二、Photoshop工具

1. 选区工具

主要有选框工具、套索工具、魔棒工具。选区工具是用来选取画面的某一部分，随后的操作只在选取的范围有效（图4-10）。

2. 移动工具

可以用来移动图层内图像的位置或选区内的图像位置，也可以将一个图像文件拖到另一个文件内（图4-11）。

3. 画笔工具

画笔工具提供了多种模拟真实笔触效果的画笔，在绘画和上色时非常有用。可以通过主直径选项来调整笔触的大小，也可以通过键盘上的两个"｛""｝"（英文输入状态下）键来调整笔触大小。将光标移到画笔笔触上，可以显示画笔的名称（图4-12~图4-14）。

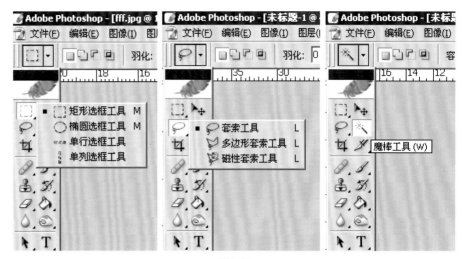

图4-10

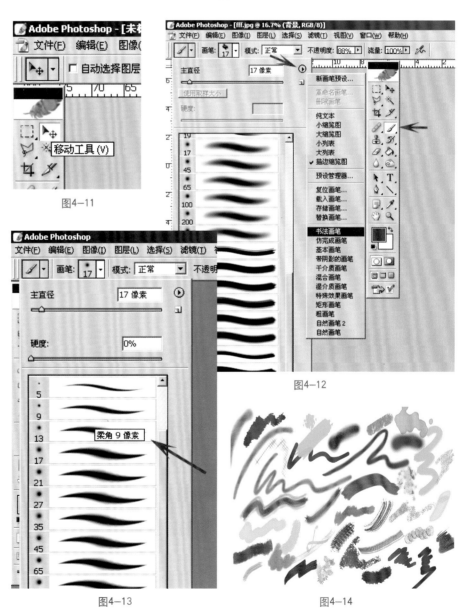

图4-11

图4-12

图4-13

图4-14

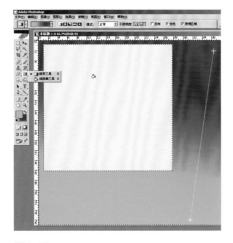

图4—15

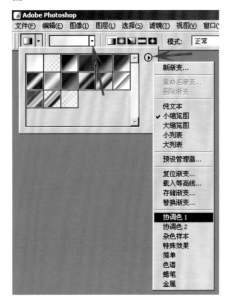

图4—16

4. 油漆桶和渐变工具

油漆桶工具是用来在连接的相同色域平填颜色的工具，尤其适合大面积空白区域填色。渐变工具可以通过鼠标在画面上点按并拖动，将画面填上从背景色到前景色的两色渐变效果，在选项栏里还有多种样式可选择（图4–15、图4–16）。

5. 模糊工具和锐化工具

模糊工具通过在图像内点按鼠标涂抹，可以使原图像变得模糊。锐化工具通过在图像内点按鼠标涂抹，可以使原图像变得锐利而对比强烈（图4–17）。

6. 减淡工具、加深工具、海绵工具

减淡工具通过点按涂抹可以使图像变淡，加深工具通过点按涂抹可以使图像变深，海绵工具通过点按涂抹可以使图像色彩纯度增高或降低（图4–18）。

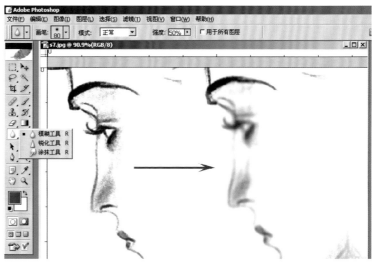

图4–17

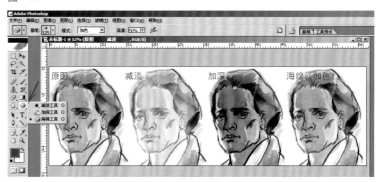

图4–18

7. 文字工具

选择文字工具在画面上点击，可以输入文字，并可以通过辅助选项来调整文字的大小、颜色、间距、各种变形效果等。文字图层在未格栅化之前是具有矢量特性的，可以任意调整文字的各项属性而不影响其图像质量（图4-19）。

8. 吸管工具

用来选择画面某一部位的色彩到颜色调板的前景色（图4-20）。

9. 抓手工具

在画面局部放大时，要移动选择画面的部位通过上下左右两个滑块来移动比较慢而不方便，用抓手工具点按画面可以快速移动。在其他工具状态下可以按空格键快速临时切换到抓手工具状态（图4-21）。

10. 缩放工具（放大镜）

可以放大或缩小画面，利于局部制作或全幅观察。在其他工具状态下可以通过"Ctrl"和"＋"来放大，"Ctrl"和"－"来缩小（图4-22）。

图4-20

图4-21

图4-19

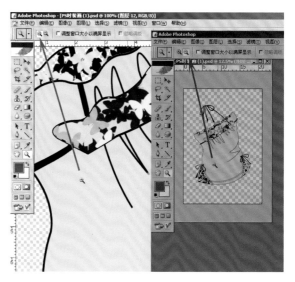

图4-22

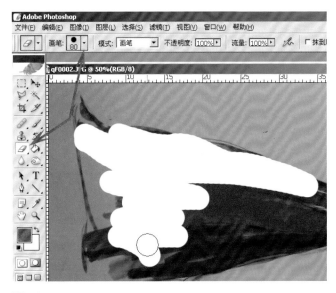

图4-23

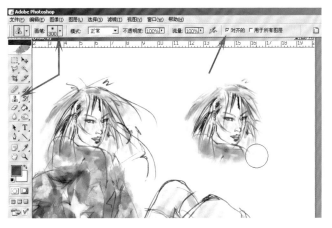

图4-24

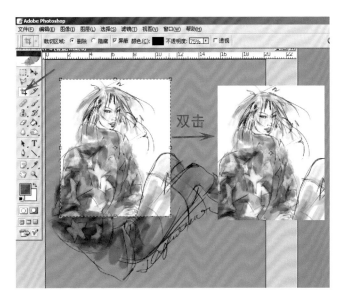

图4-25

11. 橡皮工具

可以擦除所在图层的图像，可以选择画笔笔触和不透明度（图4-23）。

12. 图章工具

图章工具是用来复制图像部分或全部内容的工具，选择图章工具后将光标移到被复制部位，按"Alt"键并点按鼠标左键，然后将光标移到需要的部位，按鼠标左键开始复制。图章工具也可以选择画笔笔触类型和不透明度，对齐方式也是影响复制内容的选项，可以尝试一下（图4-24）。

13. 裁切工具

可以裁切画面到想要的尺寸，可以通过四角和中间的小框调整。选定后双击就完成裁切（图4-25）。

三、时装画的输入和调整

1. 时装画输入

时装画输入计算机有三种常用的途径：扫描仪扫描、摄影翻拍、计算机绘图软件绘制。扫描仪扫描和摄影翻拍输入适合将线描稿输入计算机进行上色调整，或将手绘完成的时装画输入计算机进一步调整美化，保存或重新输出其他幅面的时装画打印稿。扫描仪扫描的图像具有无变形、光照均匀等特点，在扫描时要合理选择扫描的分辨率。摄影翻拍具有快捷、灵活、幅面尺寸限制小等优点，需要有一定的摄影技能知识，尤其要注意画面拍摄时是否变形，尽量在光照均匀的条件下拍摄，相机尽量垂直画面中央，可能的情况下可以将相机固定在三脚架上。现在数码相机得到广泛使用，所以翻拍是一种简便灵活的输入方式，拍完后通过数据线可以直接输入计算机。

通过计算机绘图软件绘制时装画要有相应的绘画软件，本书主要介绍的Photoshop和Painter就是两款非常著名的绘画处理软件。另外数位板（手绘板）在计算机手绘中使用非常方便（图4-26），它从使用形式上和真实的画笔是一致的，而且具有压感级数感应模仿用笔的轻重变化。

2. 时装画的调整

时装画经扫描或翻拍输入计算机后，可能还存在曝光不准确、空白区域有大量的灰度、画面变形、色彩不准确等许多问题，要得到一张色彩艳丽、干净

图4-26

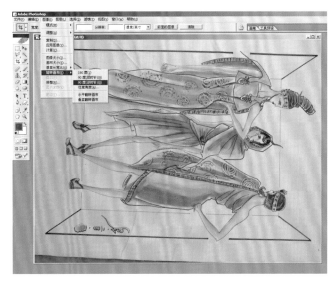

图4-27

和谐的时装画还要一系列简单的调整。下面通过一个实例来学习时装画的输入和初步的调整。

原图在Photoshop中打开后，存在画面颠倒、偏暗偏色、变形等问题，应通过以下的一系列操作来调整：

（1）旋转画面

在菜单栏的"图像"→旋转画布→90°（逆时针），可以将画面转正（图4-27）。

（2）矫正变形

① 在菜单栏的"选择"→全选，也可以通过快捷键"Ctrl"加"A"来选择整个画面（图4-28），② 然后在菜单栏的"编辑"→自由变换，或使用快捷键"Crtl"加"T"，产生一个四角及四边中间有小框的选框（图4-29）。③ 同时按"Ctrl"

"Shift"，将鼠标的光标移至要调整的右下角的小框，出现一个灰色的小箭头，点按鼠标左键向外拖动至理想的位置即可。画面的左上角也可以用同样的方法拉出来（图4-30、图4-31）。

④ 回车（Enter）确定，画面变形已调整完成。

⑤ "Ctrl"加"D"消除选框。

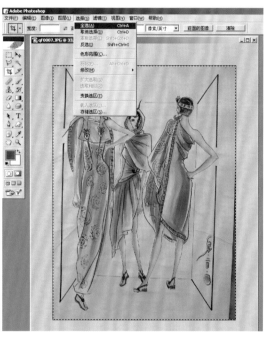

图4-28

图4-29

图4-30

图4-31

（3）调整色阶

① 在菜单栏的"图像"→调整→色阶，唤出色阶调板，也可以通过"Ctrl"加"L"来实现。

② 通过观察发现箭头所指的亮部有一段空白的区域，将白箭头拉到直方图曲线开始的部分，适当调整中间的灰箭头，控制画面的中间亮度，注意不要让色彩产生色相或纯度太大的变化。这一步主要用来调整画面曝光偏暗（图4-32）。也可以用另一种方法来做：在唤出色阶面板后，选择面板右下方的白吸管，在画面原稿纸张空白处点击（可以在不同区域尝试一下，找到比较理想的效果）定义白场（图4-33）。这种方法比较简单，但也容易出现色彩调整过头或不足的缺点。可以根据情况合理选用。

图4-33

（4）调整颜色

观察画面原图色彩有明显的偏黄倾向，通过在菜单栏的"图像"→调整→色彩平衡，唤出色彩平衡调板，调整各项色彩的色彩倾向，主要观察画面的主体部分，然后确定（图4-34）。

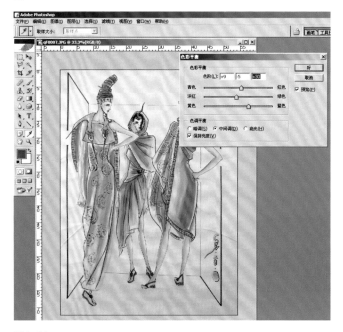

图4-34

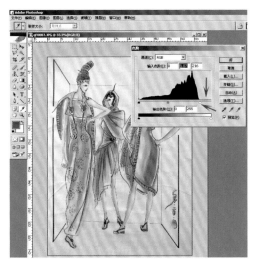

图4-32

四、抠图和修饰

原图经过上面的一系列调整，在纸张空白部分还有污迹和其他颜色存在，应该对空白部分选取后加以删除。选取的方式有几种：一是通过魔棒点击选择，二是用多边形套索并放大画面来选择，三是通过菜单栏的"选择"→"色彩范围"来选择。这几种方法各有优劣，魔棒选取不太精确，对于内容复杂的画面比较难选，多边形套索工具在放大的图像上可以很精确地选取，但比较费时，用"色彩范围"的吸管可以选取画面色彩相同的区域，并可以通过增加或减少调整选择的色彩范围区域，但选择不当的话会将画面主体部分也选中，这样就破坏了画面的完整。所以应该根据画面实际情况来选用，也可以把不同工具结合起来用。下面我们继续对上面的时装画进行绘制。

① 用菜单栏的"选择"→"色彩范围"来选择空白部分。通过菜单栏的"选择"→"色彩范围"唤出色彩范围调板，色彩容差一般不用调整（约20~30），选用白吸管在画面空白处点击，在预览的单色图中可以看到被选中的区域，还可以通过加号吸管或减号吸管来增加或减少选区，注意观察尽量不要选中要保留的画面主体部分（图4-35）。

② 将选好的图像放大观察，发现人体和服装还是被选中了一部分，因为有的部分和背景的色彩太接近无法避免，这样就要修改选区。选用套索工具或多边形套索工具，在按住"Shift"的状态下使用套索工具就是增加选区，在按住"Alt"的状态下使用套索工具就是减少选区（所有选区工具都是这种增减方式）。通过调整就得到比较完整的选区了（图4-36、图4-37）。

③ 羽化。如果现在就直接删除选中的空白区

图4-35

域，得到的图像的边缘非常粗糙，这时最好还要对选区羽化一下，在菜单栏"选择"→"羽化"唤出羽化调板，在羽化半径中输入数值2（不同的图像的羽化半径是有变化的，可以尝试后再返回调整），然后回车（图4-38）。

④ 删除。删除后可以看到大部分背景都被删除成空白，还有少数零碎的未删除背景可以用套索直接选中逐一删除（图4-39、图4-40）。

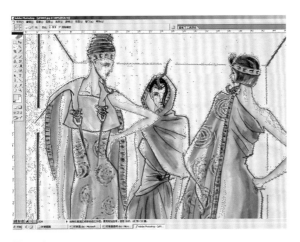

图4-36

图4-37

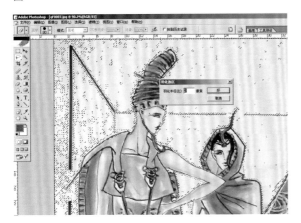

图4-38

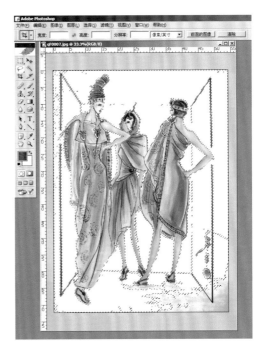

图4-39

图4-40

⑤ 修饰

在边线附近有时还有少量不规则的多余背景，可以用多边形套索选出，适当羽化并删除（图4-41）。画面中的污点斑痕可以用"修复画笔工具"或"仿制图章工具"来修饰。选择两个工具的一种，调整好画笔大小，按"Alt"在要复制的部位点击一下，然后到污点处点击即可覆盖污点（图4-42）。在边缘的线或色块淡化不自然的可以用橡皮擦（不透明度要调到20%~30%，软边画笔）来擦除一些（图4-43）。然后再视情况调整色阶或颜色（图4-44）。

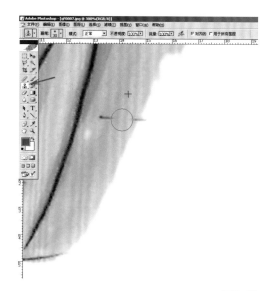

图4-42

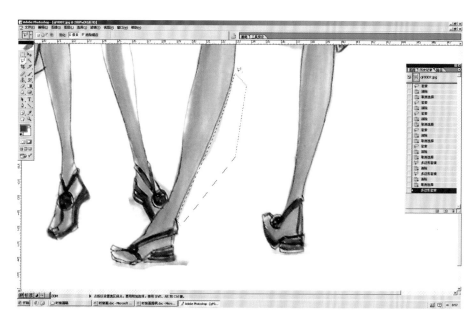

图4-41

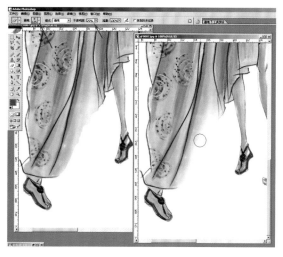

图4-43

图4-44

五、填色和面料肌理填充

1. 填色

对线描稿上色最简单的方法就是直接填色，原理是在特定的选区填充一个颜色。下面通过一个例子来讲述其方法，如图4-45所示为两款服装上色。

① 先新建一个图层，用多边形套索工具选出要上色的区域，注意在边缘和结构转折处稍有变化和留空，这样上色的效果比较符合结构而且有立体感。

② 选区稍加羽化（羽化半径约2~5），在工具栏的设置前景色选择要用的颜色，然后通过菜单栏"编辑"→"填充"填色，注意不要将颜色直接填在原稿上，这样不利于修改。

③ 选择所填颜色和原稿图层的叠加形式，要透露出原稿的线条和阴影，也可以适当调整图层的透明度。

2. 面料肌理填充

① 打开要制作的时装画和用来填充的面料纹样图，复制一个时装画原稿图层。

② 在时装画的上衣部分用多边形套索选出

图4-45

填充区域，适当羽化然后删除（图4-46）。

③ 用移动工具将面料底纹图拖入时装画文件内，并将它的图层拖到时装画副本的图层下面，底纹效果在填充选区内显现（图4-47）。

④ 如果面料底纹面积不够，可以复制面料底纹图层，移动拼接好后链接合并几个底纹图层（图2-48），选择底纹图层和下面的背景图层的叠

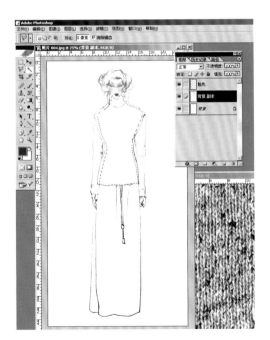

图4-46

图4-47

加方式。

⑤ 如果要为面料底纹添加颜色的话，可以在底纹图层上新建一个图层，填充颜色，然后将颜色图层和底纹图层链接合并（图4-49）。

⑥ 然后用加深工具在底纹图层上按结构加深局部（图4-50），产生面的立体感。

⑦ 下装的绘制和上衣是一样的（图4-51）。

图4-49

图4-48

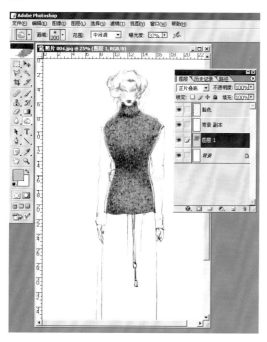

图4-50

图4-51

六、钢笔工具描图

1. 钢笔工具绘制结构图、款式图

钢笔工具描图的原理是用钢笔工具建立一个路径，然后将路径进行描边。这种方法可以用来绘制结构图和款式图等。在结构图中通常有直线、曲线、虚线及标识等几种类型。下面通过钢笔工具绘制一个结构图。

把打开的结构图用移动工具拖到新建的文件里（文件的尺寸和分辨率根据后期使用的要求来设置），然后通过菜单"编辑"→"自由变换"或者"Ctrl"加"T"来唤出变换控制框，按住"Shift"键，鼠标拉控制框对角，至合适大小 "Enter"确定（4–52）。

通过菜单"视图"→"新建参考线"，分别新建水平和垂直参考线，用移动工具靠上参考线，按住鼠标左键移动到要参考的水平和垂直位置。"Ctrl加T"再次唤出变换控制框，光标移到四角的位置，出现双向箭头，按住鼠标左键，移动，使裁剪图的水平和垂直线和参考线平行。按"Enter"确定。然后通过菜单"视图"→"清除参考线"（图4–53～图4–55）。

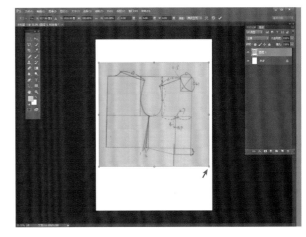

图4—52

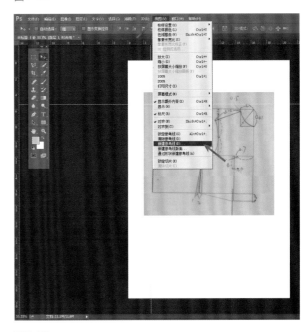

图4—53

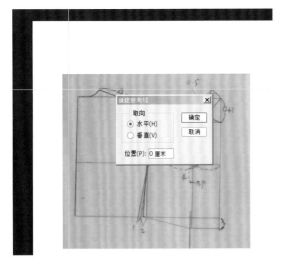

图4—54

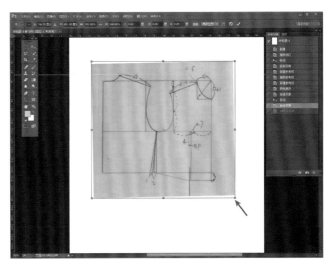

图4—55

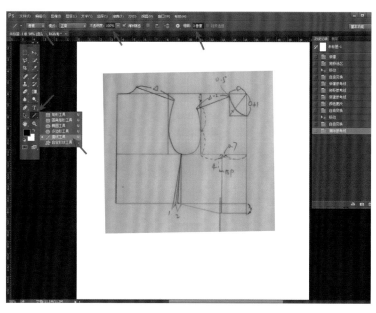

首先用直线工具画出结构图中的参考线，选择工具栏的直线工具，左上角小菜单选择"像素"，模式正常，不透明度100%，粗细3像素（像素值根据图像的大小尺寸而不同，可以先试一下），颜色黑色（4-56）。

在图层里面新建一个图层，命名为"参考线"。在此图层上画参考线。每条线将光标放在开始位置，按住鼠标左键拖动，至结束位置松开即可（图4-57、图4-58）。

图4-56

图4-57

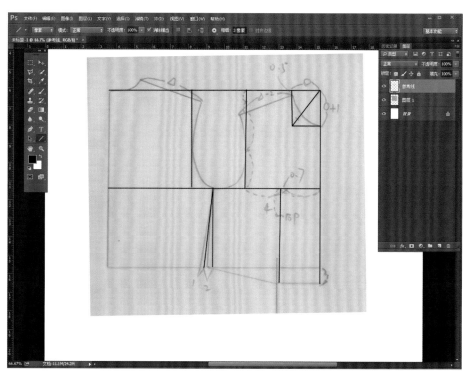

图4-58

图4-59

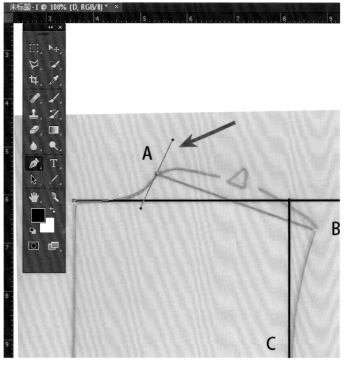

图4-60

新建图层，命名为"轮廓"，选择"钢笔工具"，同时在"窗口"菜单里打开"路径"小面板。

钢笔工具菜单里，选择"路径"，开始画左衣片，在后领中点按鼠标左键点第一个点，松开，移至"A"点，按住鼠标左键不要松开，移动鼠标，出现曲线调整的杠杆，移动鼠标直到曲线和原图一致，松开鼠标左键。然后按住"Alt"键，将光标移到杠杆中间的点，按鼠标左键，去掉杠杆的半边（图4-59~图4-61）。

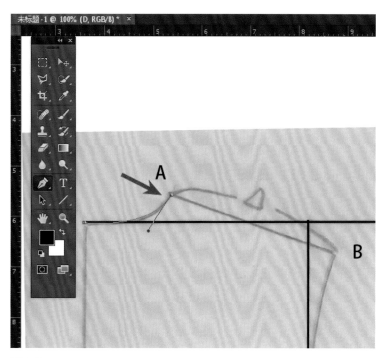

图4-61

光标移到"B"点，按鼠标左键，松开，移到"C"点，按住鼠标左键不放，拉出弧线，松开左键，光标移到杠杆中间的点，按鼠标左键，去掉杠杆的半边，然后同样画到"D"点，然后画到"E，F"，终点画到后领中点，形成一个路径。选择硬边画笔，设置画笔的大小为5像素（比参考线3像素略大一些），在"轮廓"图层上画左衣片。再选钢笔工具处按鼠标右键选择"描边路径"，选择小面板工具里的"画笔"，完成描边。在路径小面板里点到工作路径，按鼠标右键，选择删除路径。（或者铅笔工具状态下，在画面中点击鼠标右键、选择"删除路径"。）这样左衣片就画完了（图4-62~图4-66）。

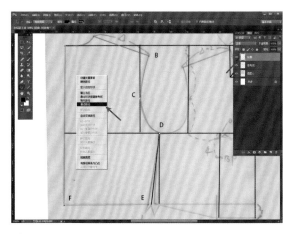

图4-64

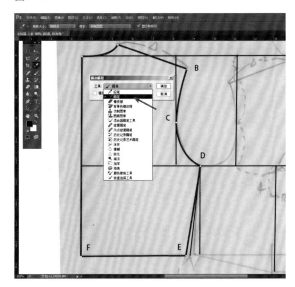

图4-65

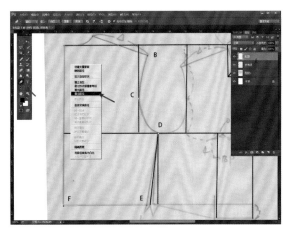

图4-62

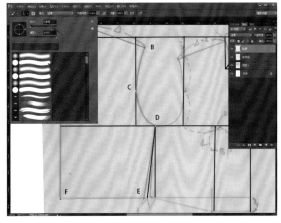

图4-63

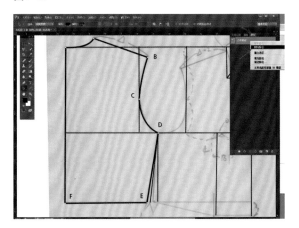

图4-66

同样的方法，画出右衣片。点击图层的眼睛标志，关闭图层1，检查绘制的效果（图4-67）。

画A和B点之间的标识线。将画笔的大小改成3像素，再选择"钢笔工具"，从A到B画弧线，然后光标在空白处按鼠标右键，选择"描边路径"在路径面板，删除"工作路径"，选择工具栏里的橡皮工具，点开工具选择硬边的笔触，调整合适的大小，在需要留标志（△）的位置擦除部分弧线（图4-68~图4-70）。

选择工具栏里的"自定义形状工具"，追加全部形状，选择三角形，新建"标识"图层，在此图层上画出合适大小的三角形，通过变换（Ctrl加T），放到需要的位置。同样的方法，分别在"轮廓图层"和"标识"图层画出其他的标识。直接选择工具栏里的文字工具输入文字标识（图4-71、图4-72）。

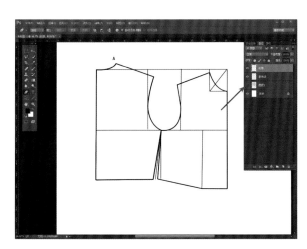

图4-67

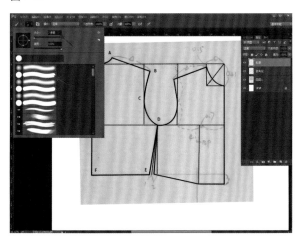

图4-68

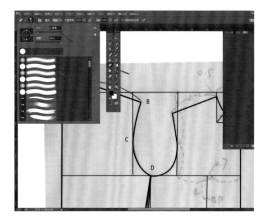

图4-69

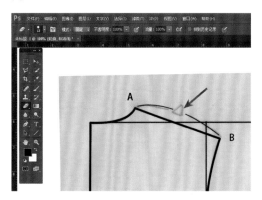

图4-70

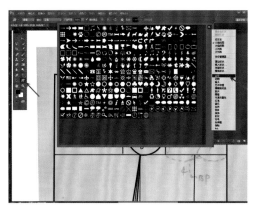

图4-71

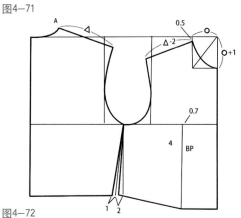

图4-72

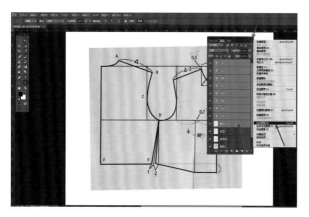

图4—73

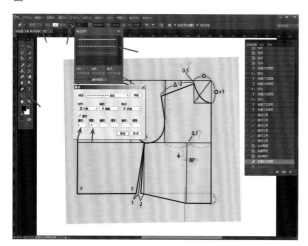

图4—74

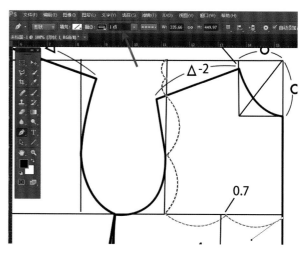

图4—75

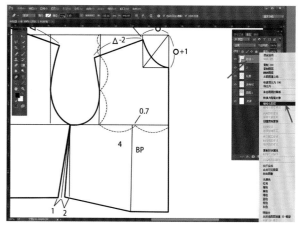

图4—76

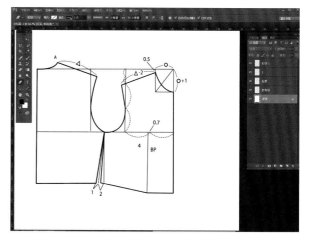

图4—77

文字标识输入完成后，按"Ctrl"键，分别点击文字图层和"标识"图层一起选中，点击图层面板右上角的三角，点开菜单，选择"合并图层"（图4-73）。

最后画出虚线标识，以Photoshop CC为例，钢笔工具提供了直接绘制虚线的功能，早期的一些版本没有此功能。选择钢笔工具，工具菜单里选"形状"，点开虚线选项→"更多选项"根据实际需要设置虚线的大小间隙，确定（图4-74）。用钢笔工具画出虚线，可以在"描边"选项里调整数值，实时观察虚线的效果（图4-75）。画好之后，在图层里找到"形状1"图层，右键点击，选择栅格化图层（图4-75）。至此绘制完成，删除参照的"图层1"（图4-76）。选择需要的格式保存文件（图4-77）。

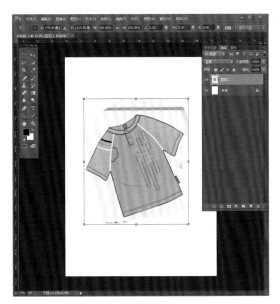

图4-78

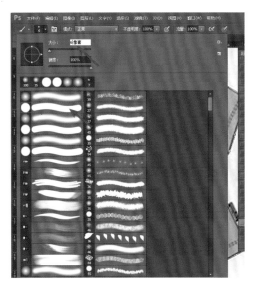

图4-80

图4-79

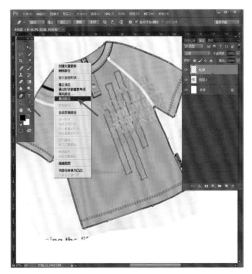

图4-81

2. 钢笔工具绘制款式图

在前一节绘制结构图的基础上，可以再绘制表现过程更复杂的款式图。

将例图拖入新建的文件，"Ctrl"加"T"调整大小和位置，然后确定（图4-78）。

选择钢笔工具，沿衣服外轮廓绘制路径，画好路径，选择"硬边圆"画笔，设置合适的画笔大小（图4-79）。

新建"轮廓"图层，再次选择钢笔工具，在空白处点击鼠标右键，选择"描边路径"，然后删除路径（在路径面板里右键）（图4-80~图4-82）。

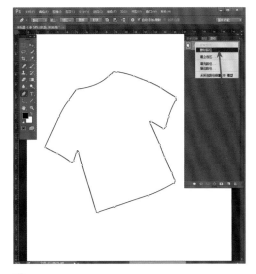

图4-82

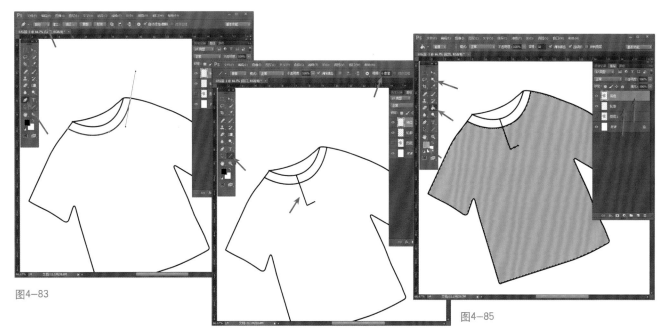

图4-83

图4-84

图4-85

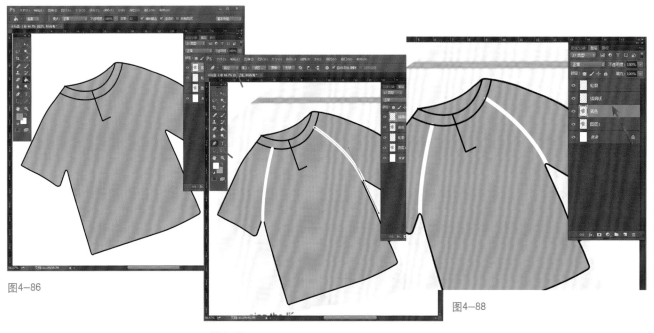

图4-86

图4-87

图4-88

　　再新建"领口"图层，用钢笔工具分别画出两道领圈线，直线工具画出领口。注意线条粗细一致，将"领口"图层和"轮廓"图层合并（图4-83、图4-84）。

　　选择工具栏里的"魔棒"工具，在"轮廓"选中衣身部分，选择前景色（灰绿），新建"底色"图层，用油漆桶工具在选区里填上颜色。用相同

的方法再填上领子（图4-85、图4-86）。

　　新建"插肩线"图层，用钢笔工具画出两条白线，注意设置画笔的大小。调整图层的顺序（在图层面板里鼠标左键按住图层拖动），让轮廓线在上面（图4-87、图4-88）。橡皮工具擦除白线的多余部分，合并"插肩线"和"轮廓"图层。魔棒工具在轮廓图层选中两个袖子，在"底色"

图层填上黄色（图4-89）。新建图层画出三条线和小口袋盖（图4-90）。

选择"钢笔"工具→"形状"，设置描边大小和虚线的选项，可以实时显示效果。然后将"形状1"栅格化（点击图层右键），相同的方法画出其他虚线。画好后合并所有虚线图层（图4-91、图4-92）。

新建"水波"图层，用多边形"套索"工具画出三个框，选择"编辑"→"描边"画出黑框。

"Ctrl"加"D"取消选区，选择"滤镜"→"扭曲"→"波纹"，调整参数至合适效果（图4-93、图4-94）。

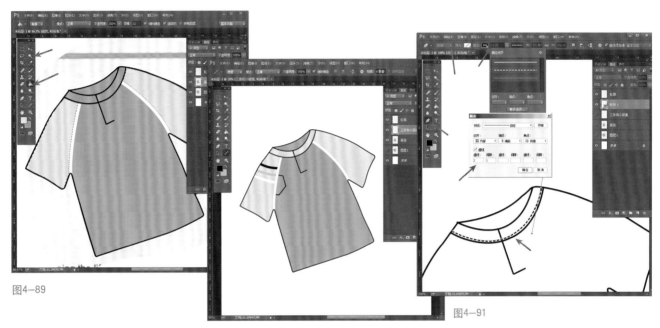

图4-89

图4-90

图4-91

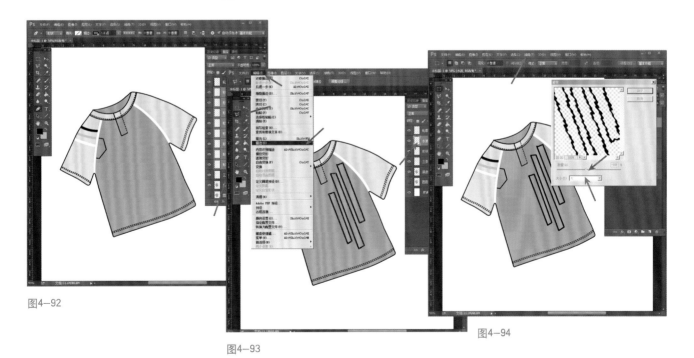

图4-92

图4-93

图4-94

选择"文字"工具在文件内任意点击，输入文字，打开字符小面板，调整字体大小间距等。"Ctrl"加"T"调整位置角度（图4-95）。

新建"纽扣"图层，圆形选框，比例1:1，画一个大小合适的圆，填上纽扣颜色。双击纽扣图层打开图层样式，勾选"斜面和浮雕"和"投影"进入选项，调整至需要的效果。

复制纽扣图层，移动工具拖到领口位置（图4-96~图4-99）。

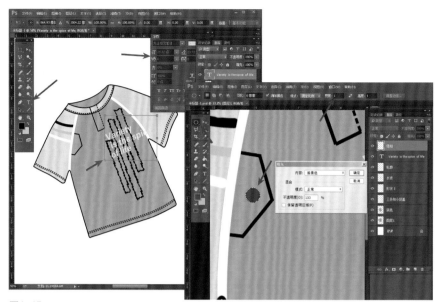

图4-95

图4-96

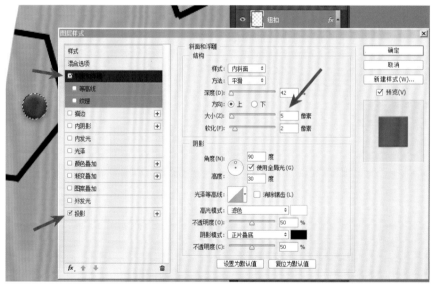

图4-97

图4-98

图4-99

七、Photoshop手绘效果时装画

在Photoshop里绘制手绘效果的时装画，主要有两种形式：一是将输入计算机的线描稿调整好，使用画笔工具进行上色，二是从线描稿开始到上色完成都在计算机里用软件绘制。可以根据自己擅长的方式来确定使用哪种形式。

1. 首先来看一下对已输入计算机的线描稿进行上色：

① 将原稿拖入新建的文件内，调整好大小和位置（"Ctrl"加"A"），用"选择"→"色彩范围"选取空白部分稍加羽化（小于1），删除空白部分，还有未删除部分可以结合套索工具再次选取删除（图4-100）。

② 调整好线描稿的颜色深浅。新建衣服底色图层，选用柔角画笔，将画笔的直径调大到足够覆盖整个服装的宽度，为衣服刷一个底色，并将图层叠加方式选为"正片叠底"（图4-101）。

③ 用橡皮工具擦除多余的颜色，注意选择

橡皮的画笔笔触。继续画上肩部、腿部、肤色、头发等其他部分的颜色，并修整好（图4-102~图4-106）。

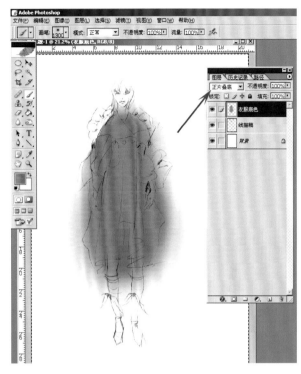

图4-101

图4-100

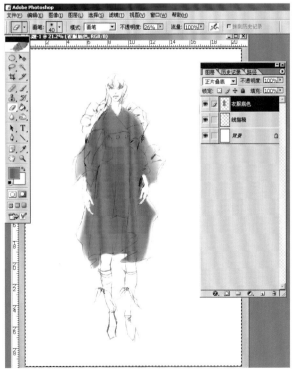

图4-102

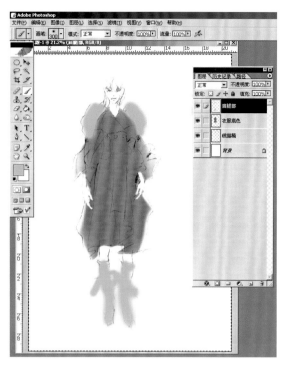

图4-103

图4-104

图4-105

图4-106

④ 在衣服底色图层上新建一个衣服阴影图层，在衣服的交叠部分适当添加一些阴影，适当调整图层的透明度，与衣服底色图层配色和谐（图4-107）。

图4-107

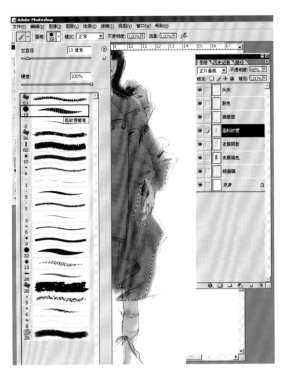

图4-108

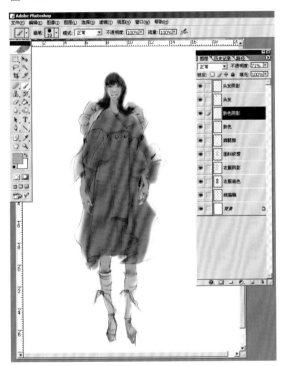

图4-109

图4-110

⑤ 在衣服阴影图层上新建一个面料纹理图层，用套索工具将衣服靠里部分选出，适当羽化（约30~50），选用粗纹理蜡笔将画笔主直径调到足够覆盖衣服的宽度，画出带有底纹效果的颜色，调整图层的透明度（图4-108）。

⑥ 新建肤色阴影图层和头发阴影图层，分别为肤色和头发部分添加深色部分以增加立体感（图4-109、图4-110）。

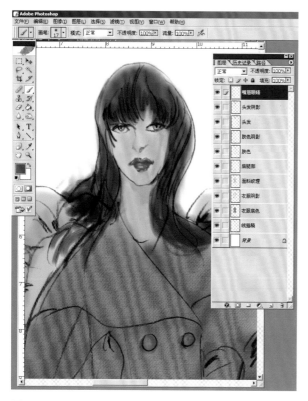

图4-111

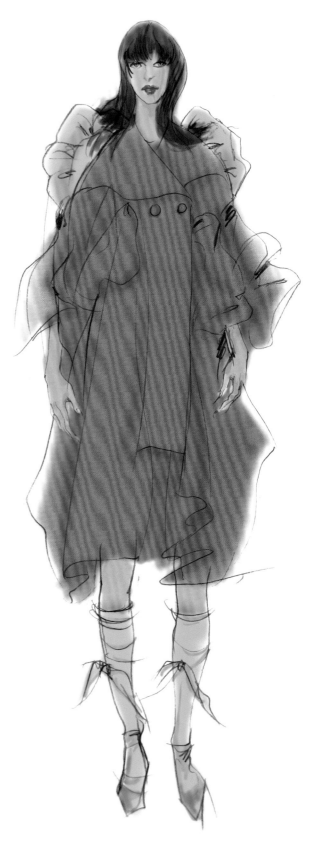

⑦ 新建嘴唇、眼睛图层，适当用画笔将上眼皮画厚一些，画上眼珠部分的颜色，注意眼睛的透明感。嘴唇部分分深浅两个颜色和空白三个层次来画，注意嘴唇的立体感和滋润感（图4-111）。

⑧ 适当调整各图层的关系，修整局部。合并图层保存（图4-112）。

2. 在Photoshop软件熟练操作后，尤其是比较熟练使用手绘板的条件下，也可以在计算机上直接绘制时装画。下面为参照照片直接绘制时装画的过程：

① 将参照的照片拖入新建的文件内并调整好大小（图4-113）。

② 将照片图层的透明度调低，新建一个图层用来绘制线描稿，选择干介质画笔里的2号铅笔来画线描。注意笔触的变化和线条的提炼（图4-114）。

图4-112

图4-113

图4-114

③ 画好线描稿后删除或关闭原来参照的照片图层，然后根据需要适当拉长模特的腿部，达到比较理想的比例效果（图4-115）。

④ 新建上衣颜色图层，选用干介质画笔的粗纹理蜡笔，调整合适的画笔主直径，画上衣的第一遍颜色，修除多余的颜色（图4-116）。

图4-115

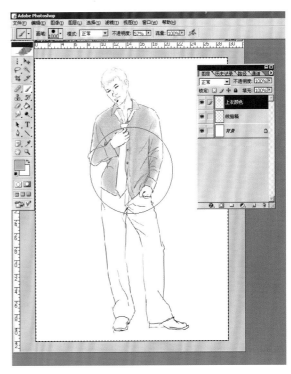

图4-116

⑤ 新建裤子颜色图层，用多边形选区工具画出裤子要上色的区域，一般为取得比较好的效果通常要在边上留些空白。选好后少量羽化（2像素），填充颜色并加以修整（图4-117）。

⑥ 新建鞋子图层给鞋子上色，注意选择合适的画笔类型，结合橡皮或减淡工具，注意皮革的质感（图4-118）。

⑦ 新建领带图层，上色可以用特殊效果画笔适当添加一些小花纹（图4-119）。

⑧ 新建肤色图层，上肤色要注意透明效果，注意人物结构，可以适当降低图层的不透明度（图4-120）。

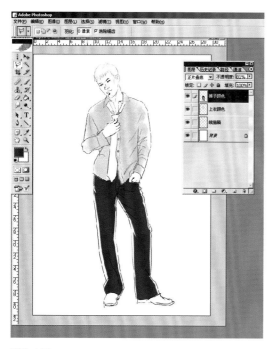

图4-117

图4-118

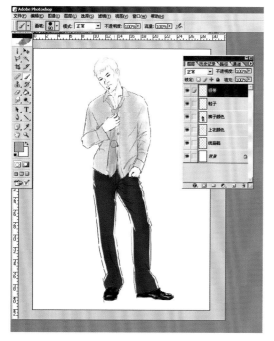

图4-119

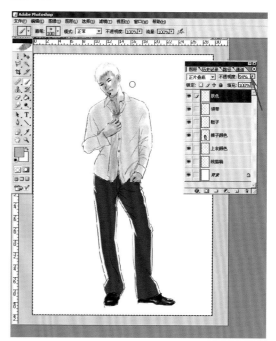

图4-120

⑨ 新建头发画笔，画头发时要注意头发蓬松的立体效果，可以选用自然画笔中的点刻画笔来表现（图4—121）。

⑩ 新建裤子阴影图层，用深色加深暗部（图4—122）。

⑪ 用画裤子阴影同样的形式画上衣阴影、肤色阴影、头发阴影等（图4—123）。

⑫ 调整完成，选择文件格式保存（图4—124）。

图4—121

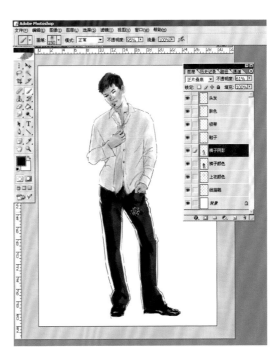

图4—122

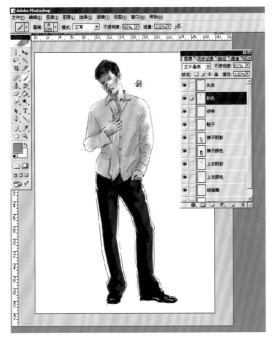

图4—123

图4—124

八、Photoshop绘制时装画赏析

图4-125 ~ 4-150。

图4-125　　　滴溅画笔的线条感产生强烈的动感,铺色简单概括,面画整体流畅动感。

图4-126

利用画笔的纹理来表现面料质感。多了解每一种画笔的特性，以便可以更好地选用来表现服装面料。

图4-127

利用象形的画笔画绒毛,裙子、帽子花纹
采用真实的面料图案填充,肤色简单铺
设,稍深的颜色点缀暗部,表现立体效果。

图4-128

简洁的人物造型结合平涂上色，小
面积洋红色对比大面积的冷色。

图4—129

速写风格的勾线结合湿画笔深浅两个层
次,使得面面简洁,服装特征突出。

图4—130

夸张的人体，放松快速的勾线，体现出肯
定概括的风格，上色采用简单的平涂和
少量线条。

图4—131

利用水彩画笔,蜡笔等画笔来表现面料的质感,同时着色的笔触和深浅结合人体结构。

图4—132

铺色和线条结合来表现花纹面料,上衣、裤子平铺着色、产生明显的主次顺序。

图4—133

合适的画笔表现上衣和裤
子的纹理,皮包的花纹也是
肌理画笔直接画出的,铅笔
画笔勾线、有很逼真的手绘
效果。

图4—134

简单的上色，少量的暗部勾勒，很清晰的设计稿风格。

图4—135

滴水画笔产生滋润的
颜色效果。

图4—136

画笔纹理表现服装面
料质感、油画笔画人
物脸部。

图4—137

水彩背景丰富画面效果，炭屑纸画笔画服装的质感非常合适，人体外缘留空白产生面的变化和立体感。

图4—138

深入的描绘使上衣、内衣、毛领具有很真实的质感纹理，裤子的留白产生牛仔质感。

图4—139

平涂加少量暗部点缀结合留白，
产生了简单有效的表现效果。

图4—140

留白可增加面的表现和空间细节
表现的省略，产生更好的虚实对比
效果，以少胜多。

图4—141

背影起到衬托人物、增加颜色对
比的作用,留白产生立体感、上色
结合人体结构。

图4-142

面料花纹填充结合颜色产
生了非常真实的服装效果。

图4-143

利用粗松的画笔表现服装宽松的效果。

图4-144

线条对人物和服装的概括已经
很清晰,上色就用了简单的淡彩
平涂。

图4—145

平涂上色，注意颜色的块面
形状，简单而富于变化。

图4-146 作者：赖媛媛

高度概括和提炼，使得画面简洁而准确，线面的结合使用，具有很好的形式效果。

图4-147 作者：赖媛媛

人物特征概括准确、服装上色分
出深浅层次。

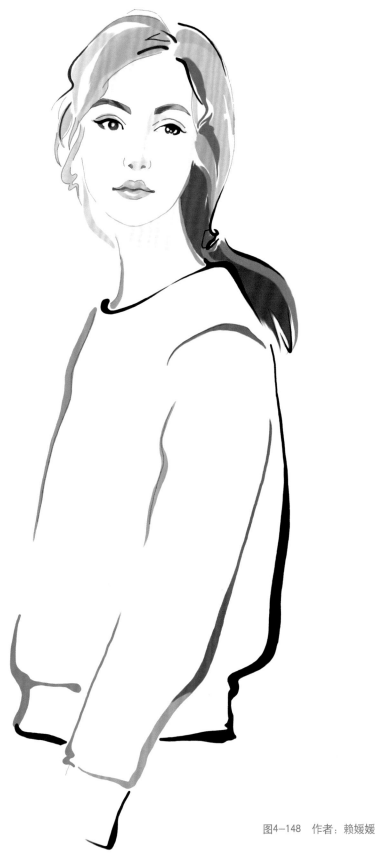

图4-148　作者：赖媛媛

极简炼的表现方式，除了绘制出人物五官及
服装外形以外其它都省略了。

图4-149 作者：赖媛媛

简洁精练的描绘，以少胜多。

图4-150-1　作者：徐静

谐调的配色，面料材质的表现清晰准确，表现简洁大方。

图4-150-2 作者：徐静

第五章　Painter IX
绘制时装画

一、Painter IX软件简介

Painter IX是一款以模仿手工绘画效果为特色的艺术绘画软件，在Painter IX软件中集成了模仿日常手绘的丙烯、粉笔、铅笔、水彩、水粉、油画、油画棒、蜡笔、图案笔等多达30余种的画笔类型，并且每种画笔还有多种笔触类型，可非常逼真地模仿出各类手工绘画的笔触质感。并且还集成了各种纸张的纹理质感，这样更加真实地表现了画笔类型和纸张材料的不同纹理效果。与Photoshop相比，Painter IX在绘画方面的表现力更强，自由度更高。在织物（Weaves）调板中集成了20种不同的纹理图案类型，这些图案类型与服装面料非常相像，在绘制一些简单的款式图或生产示意类的效果图中用来填充面料效果是非常简便的手段。Painter IX还提供了织物编辑功能，这样可以建立自己的面料纹理库，以备随时调用。

1. Painter IX界面和工具

Painter IX常用的工具和窗口为画笔、颜色、纸张、织物纹理、图层、调色板等（图5-1）。在熟练掌握Photoshop的基础上再操作Painter IX是很容易上手的，图层、文字输入、选区、选色等诸多操作形式都是和Photoshop一致的，操作过程中的历史记录恢复也和Photoshop类似，可以用"Ctrl"加"Z"一直恢复，反之则用"Ctrl"加"Y"。

① 画笔

Painter IX软件里的画笔有：Acrylics（丙烯）、Airbrushes（喷枪）、Artists、Oils（艺术油画）、Artists（艺术画笔）、Blenders（调和画笔）、Calligraphy（书法笔）、Chalk（粉笔）、Charcoal（木炭笔）、Cloners（克隆画笔）、Colored Pencils（彩色铅笔）、Conte（孔特粉笔）、Crayons（蜡笔）、Digital Watercolor（数码水彩）、Distortion（扭曲水笔）、Erasers（橡皮）、F-X（特效笔）、

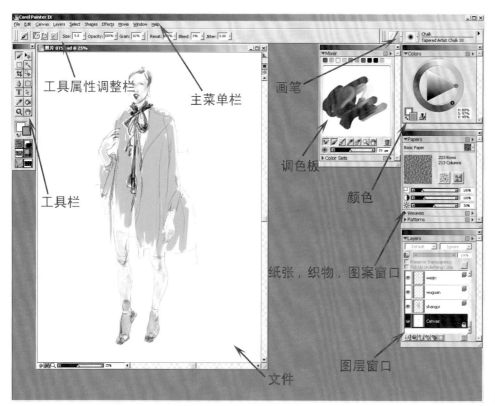

图5-1

Felt Pens（毡笔）、Gouache（水粉笔）、Image Hose（图像水管）、Impasto（厚涂）、Liquid Ink（液态墨水）、Oil Pastels（油画棒）、Oils（油画笔）、Palette Knives（调色刀）、Pasteels（色粉笔）、Pattern Pens（图案笔）、Pencils（铅笔）、Pens（钢笔）、Photo（照相笔）、Sponges（海绵）、Sumi-e（水墨笔）、Tinting（染色笔）、Watercolor（水彩）。可以说画笔工具是Painter IX软件的核心（图5-2），除了在画笔工具中集成的各类画笔以及每种画笔的多种笔触，另外还可以对画笔笔触进行调整设置，通过"Window"→"Show brush creator"或快捷键"Ctrl"加"B"唤出画笔笔触调整界面（图5-3）。其中Liquid Ink（液态墨水）和Watercolor（水彩）两种画笔在使用时会自动生成Liquid Ink Layer和Watercolor Layer的专用图层，其它类型的画笔无法直接在这两个专用图层上使用，只有将它们转化为普通图层才可以使用，可以通过在Liquid Ink Layer和Watercolor Layer图层单击鼠标右键选择弹出的"Commit"将其转化（图5-4）。

② 图层

Painter IX里的图层在形式和操作上和Photoshop基本相同，只是多了Liquid Ink（液态墨水）和Watercolor（水彩）两种专用图层（图5-5）。

③ 调色板(Mixer)和艺术油画（Artists、Oils）

调色板(Mixer)窗口可以通过Window→Color Palettes→Show Mixer打开，调色板非常逼真地模仿了真实的颜色调色盘效果，可以选择自己想用的颜色任意涂抹，并可以通过艺术油画（Artists、Oils）画笔加以应用。在调色板下方有几个小工具：

A是Dirty brush mode，用来涂抹颜色的画笔并能产生颜色相加的脏色效果。

B是Apply Color，用来涂抹颜色的画笔。

C是Mix Color，类似调色刀的效果。

D是Sample Color，选择一个点的颜色的吸管和工具栏中的吸管一样。

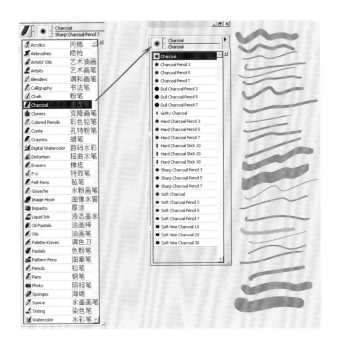

图5-2

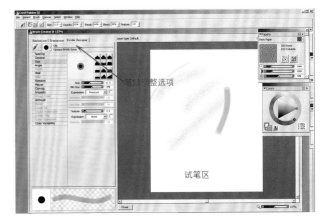

图5-3

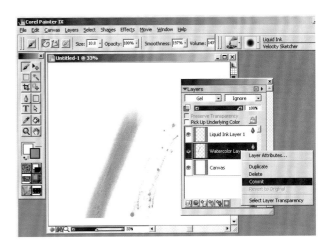

图5-4

E是Sample Multiple Colors，可以选择一块颜色，包含多种颜色。

F是Zoom，放大（缩小）镜。

G是Pan，移动抓手。

H是Clear And Reset Canvas，清除调色板上的颜色到垃圾箱。

选择了Artists、Oils（艺术油画）画笔，通过调色板下面的E（Sample Multiple Colors）带圆圈的吸管选择一块理想的混合颜色，Artists、Oils（艺术油画）画笔就可以在文件中画出非常真实的一笔多色的效果（图5-6）。

④ Pattern（图案）和Pattern Pens（图案笔）

在Pattern（图案）窗口有几种图案类型，可以通过Pattern Pens（图案笔）画出具象的图案（图5-7）。

⑤ Paper（纸张）和画笔

Paper（纸张）窗口可以通过Window→Library Palettes→Show Papers打开，这里包含23种纸张类型，在不同类型的纸张上画上颜色会产生各种纸张纹理效果（有的画笔类型效果不明显）（图5-8）。

图5-6

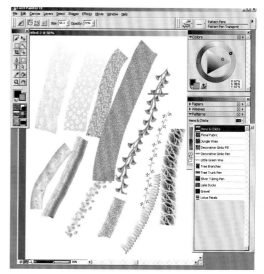

图5-7

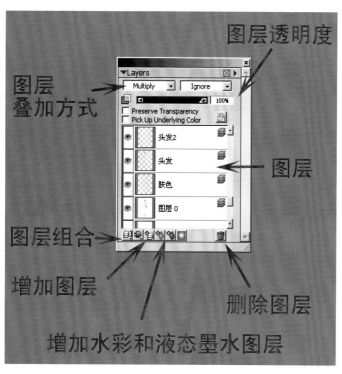

图5-5

图5-8

二、Painter IX绘制时装画

一张线描稿上色的过程：

①打开线描稿，新建肤色图层，图层叠加方式为Gel，选择Digital Watercolor（数码水彩）的Round Water Blender画笔，选择合适的肤色在人体部分画上肤色，多余部分可以用Erasers（橡皮笔）擦除（图5-9）。

② 新建头发图层，图层叠加方式为Gel，选择Digital Watercolor（数码水彩）的Soft Broad Brush画笔，在头发部分铺上头发的大色调（图5-10）。

③ 新建头发图层2，图层叠加方式为Normal，选择Acrylics（丙烯）的Wet Acrylics 20画笔，选择较浅的颜色作为头发亮部的颜色画出类似头发丝缕的效果，注意调整画笔的大小（图5-11）。

图5-10

图5-11

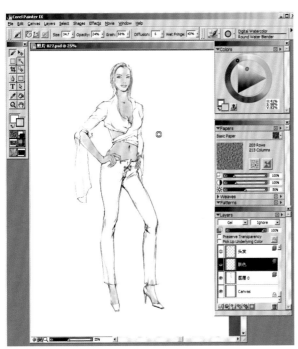

图5-9

④ 新建一个水彩图层并命名为上衣，图层叠加方式为Gel,选择Watercolor（水彩）的Smooth Rounny Camel 30画笔在上衣部分铺上衣服的大色调，注意笔触的衔接，因为水彩画笔的渗化和叠加效果比较明显。完成后可以将图层转化为普通图层（鼠标移至该图层单击右键选择"Commit"将其转化），然后可以用橡皮笔或其他画笔进行修饰（图5-12）。

⑤ 新建上衣花点图层，图层叠加方式为Gel,选择Artists（艺术画笔）的Seurat画笔为上衣增加一些点状图案（图5-13）。

⑥ 新建一个水彩图层画裤子，图层叠加方式为Gel，选择Watercolor（水彩）的Runny Wet Camel画笔并调整好画笔属性，可以通过"Ctrl"加"B"唤出画笔笔触调整界面加以调整。注意笔触的衔接，画好后将图层转化为普通图层并加以修饰（图5-14）。

图5-13

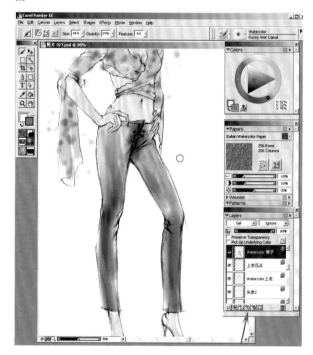

图5-14

图5-12

⑦ 新建鞋子图层，图层叠加方式为Gel，选择Acrylics（丙烯）的Opaque Detail Brush 3画笔为鞋子上色，注意鞋子的质感效果，保留一些反光空白效果，必要时可以使用橡皮笔擦去一些颜色（图5-15）。

⑧ 新建五官图层，图层叠加方式为Multiply，选择Digital Watercolor（数码水彩）的Soft Diffused Brush画笔，分别对眼睛、嘴唇进行刻画，注意眼部和嘴部的立体结构、眼睛的透明感和嘴唇的质感（图5-16）。

⑨ 最后调整，也可以保存为Photoshop PSD格式的文件，然后到Photoshop软件中打开后再进行色彩等方面的微调，注意可能图层的叠加方式会有所改变，可以重新连择一下。

Photoshop和Painter IX 两个软件是各有所长，可以在使用中结合软件的特点分别加以使用或联合起来使用。比如一些图稿的调整处理就可以用Photoshop来处理，而突出绘画笔触效果的就可以使用Painter IX来做。

图5-16

图5-15

三、Painter IX绘制时装画赏析

图5-16～图5-33。

图5-16

用水彩画笔表现类似真丝电
力纺的上衣质感,画笔的笔触
表现出裤子的纱线纹理。

图5-17

不同的画笔可表现不同的质地纹理,应根据面料特性合理选用。

图5—18

头发的画法线面结合，体现
发缕的柔滑效果，水彩画笔
体现裙子的丝绸质感。

图5—19

背景可以对骨感人物造型起到衬托作用。

图5-21

Painter IX 中水彩纸的纹理使上色
产生极强的真实感,纸张纹理的设
置是 Painter IX 的一大强项。

图5-22

利用画笔表现面料，一致的笔触产生很好的
动感。使用画笔的肌理来表现头发和吉他阴
影，产生趣味感。

图5-23

裙子的颜色具有水彩洒盐
的真实效果，Painter IX
软件可以达到高度仿真的
画面效果。

图5-24

用笔触来表现具有动感的风格。

图5-25

毛皮效果、裙子的丝质质感都是选择合适的
画笔的结果。

图5-26

饰物、头发的质感来源于合适的画笔。

图5—27

油画笔表现头发、围巾、淡彩表现服
装的透明感。

图5-28

油画笔画围领、淡彩表现裙子，分别产生厚实和轻薄的质感。

图5—29

水彩画围巾,衣服平涂,注意块面
变化和笔触,简单有效。

图5—30

不同画笔表现不同质感。

图5-31

人物形象夸张概括,涂
色轻松,简洁快速的效
果表现手法。

图5-32

上衣和裤子利用画笔表现质
感、勾线大胆简洁。

图5-33

画笔纹理用来表现上衣和裤子的
质感，利用留白来表现面的变化。